BIBLIOTHÈQUE
RURALE

TRAITEMENT
DU
CHÊNE EN TAILLIS
A ÉCORCES,

PAR J.-P.-J. KOLTZ.

orné de 30 gravures

BRUXELLES,
ÉMILE TARLIER, ÉDITEUR,
Montagne de l'Oratoire, 5.

TRAITEMENT

DU CHÊNE EN TAILLIS

A ÉCORCES.

BRUXELLES. — TYP. DE VEUVE J. VAN BUGGENHOUDT,
Rue de Schaerbeek, 12

TRAITEMENT

DU

CHÊNE EN TAILLIS

A ÉCORCES

PAR J. P. J. KOLTZ

Élève diplômé
de l'Académie agricole et forestière de Hohenheim,
agent des eaux et forêts,
secrétaire de la commission d'agriculture
et membre-secrétaire
du cercle agricole du grand-duché de Luxembourg;
etc., etc.

ORNÉ DE 30 GRAVURES

BRUXELLES
LIBRAIRIE AGRICOLE D'ÉMILE TARLIER
Éditeur de la Bibliothèque rurale,
MONTAGNE DE L'ORATOIRE, 5.

1859

INTRODUCTION.

Parmi les produits des forêts, les écorces de chêne employées dans les tanneries occupent un rang important sous le rapport industriel; mais le bois étant l'objet principal de la culture forestière, il s'ensuit qu'en théorie, on considère l'écorce du chêne comme un produit accessoire, tandis que dans la pratique on en fait le revenu principal.

Le dérodement des forêts, et particulièrement de celles présentant des terrains propres à l'exploitation agricole; d'autre part, l'enlèvement du couvert forestier, qui amène toujours l'appauvrissement du sol et ensuite sa stérilité; enfin la paisson et la glandée contribuent chaque jour à faire disparaître les *haies à écorces*, jadis très-répandues sur toute la surface des Ardennes.

La diminution constante des forêts de chênes en raison inverse de l'augmentation de la population — et par conséquent de l'augmentation d'emploi du cuir, — assure un placement avantageux aux produits des haies à écorces; il s'ensuit que leur création, leur entretien méritent d'être recommandés.

Ce sont ces considérations qui nous ont déterminé à publier ce travail. Comme nous nous adressons avant tout à des cultivateurs, nous rejetterons les principes encore contestés, et nous nous appuierons seulement sur ceux réellement consacrés par la pratique.

TRAITEMENT

DU CHÊNE EN TAILLIS

A ÉCORCES

Le chêne.

Le traitement du chêne en taillis à écorces est basé sur la faculté que possède cette essence de produire des rejets de souche d'un développement rapide, qui donnent une écorce brillante, lisse, se crevassant rarement et contenant du tannin (*gallate de potasse*).

Sous notre latitude on ne trouve que deux variétés de chênes : le chêne à fruits pédonculés (*Quercus pedunculata Hoffm.*) et le chêne rouvre ou à fruits sessiles (*Q.robur* L.).

Le chêne à fruits pédonculés est un arbre très-élevé, de première grandeur, à tronc droit, à tête étalée. Ses feuilles (fig. 1) sont alternes, glabres, légèrement pétiolées, oblongues, sinuées, dilatées au sommet, à lobes obtus et irréguliers, d'un vert pâle en dessous, d'un vert foncé et luisant en dessus; chatons des fleurs mâles naissant plusieurs ensemble à la base des

Fig. 1.

bourgeons qui se développent au printemps; fleurs femelles au nombre de 2-3, portées sur des pédoncules axillaires assez longs; glands oblongs, variant beaucoup dans leur forme et leur grosseur (fig. 2).

Le chêne rouvre ou à glands sessiles se rapproche tellement du précédent, que beaucoup de botanistes le considèrent comme une simple

Fig. 2.

variété de celui-ci. Il en diffère cependant par les feuilles (fig. 3) qui sont plus larges, pétiolées, à lobes moins profonds et plus arrondis; par ses fleurs et ses glands (fig. 4) presque sessiles vers

1.

le sommet des rameaux, agglomérés et plus nombreux.

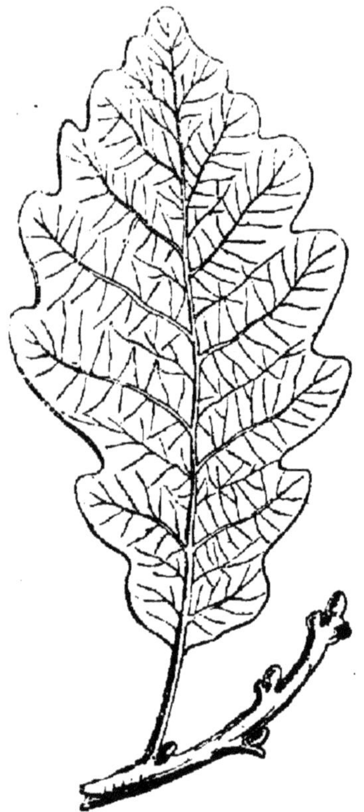

Fig. 3.

Ces deux variétés fournissent également de

bonnes écorces ; mais il faut savoir choisir entre elles, suivant les circonstances qui se présentent. L'exposition est-elle favorable? on donnera la préférence au chêne à glands pédonculés, dont le bois est estimé pour les constructions. Le chêne rouvre, qui vient dans des terres

Fig. 4.

moins profondes que celles qui conviennent au premier, est recherché comme bois de fente. Sa végétation est généralement en retard de dix à quinze jours, en sorte qu'il peut être placé sans grand inconvénient à une exposition plus ouverte et plus élevée sans avoir à redouter les atteintes des gelées tardives. Il croît un peu moins rapidement que le chêne pédonculé, mais il rachète cet inconvénient par une plus grande rusticité.

Aussi est-il généralement cultivé dans les haies à écorces des pays froids et dans les sols peu profonds.

Le chêne pédonculé, qui s'élève davantage et qui monte plus tôt en séve, exige au contraire des conditions de sol et d'exposition plus favorables. On peut l'exploiter avant le chêne rouvre, et ses rejets ont ainsi plus de temps pour s'aoûter et se lignifier.

Dans les haies à écorces de nos Ardennes, les deux variétés se trouvent mélangées; mais le chêne rouvre y prédomine, et les tanneurs lui donnent la préférence parce que, dans la pratique, ils trouvent que son écorce renferme plus de tannin.

Choix du sol et de l'exposition.

Le chêne s'accommode d'un grand nombre de terrains, qui peuvent différer sous le rapport de leur composition, mais qui lui fournissent les substances qui lui conviennent et qui doivent exercer une grande influence sur l'accroissement, la production et la durée des rejets. Il ne craint que les terrains marécageux ou tourbeux, ceux qui, par suite de l'enlèvement des feuilles mortes, de cultures épuisantes ou d'autres circonstances, sont pauvres en humus, et les sables secs; une terre riche en calcaire ne lui convient pas davantage.

Les terres sablo-argileuses, les sables frais, les terres franches, les argiles compactes et loameuses conviennent très-bien au chêne, lorsqu'elles sont profondes, ou à sous-sol profondément divisé et fendillé. Il préfère les expositions en plaine, mais néanmoins se développe bien sur les hauteurs moyennes, peu rapides, sur les collines qui bordent les fleuves, lorsqu'elles ne sont pas à l'orient ou au nord.

La fraîcheur du sol est un des éléments principaux de la réussite d'une plantation de chênes. Dans ces conditions, on pourra même obtenir de beaux et bons produits dans des terrains siliceux et quartzeux, tandis qu'on n'aura pas à craindre un excès d'humidité dans un sol meuble et à sous-sol perméable.

En choisissant un emplacement pour la création d'une chênaie, il ne suffit pas de s'en tenir à la nature du sol, il faut aussi avoir égard à l'exposition et aux influences que peuvent exercer sur elle les différents agents atmosphériques. Si cet emplacement est exposé aux gelées automnales et printanières, il ne pourra convenir, parce que les rejets en souffriraient trop. S'il n'existe pas d'abri du côté du nord ou de l'ouest, ou si le terrain longeait des peuplements très-élancés, on devrait également, et pour les mêmes motifs, ne pas le convertir en haies à écorces.

Avant de terminer ce que nous avons à dire sur le choix du sol et de l'exposition, nous ferons remarquer que les haies à écorces ne réclament pas une terre aussi profonde que les arbres de futaie, parce que la cépée, par suite de son exploitation répétée, reste dans la couche végétale et y cherche sa nourriture. — C'est à cette dernière circonstance que les forestiers attribuent en partie le tort que le pâturage leur fait éprouver, le piétinement des bestiaux détruisant le chevelu des racines qui se trouvent entre deux terres.

Création du taillis à écorces.

Ou le terrain choisi pour l'établissement d'une haie à écorces porte déjà des chênes, et alors on doit y établir une coupe dite de conversion ; ou bien c'est un terrain vague qu'il s'agit de peupler. Nous nous occuperons d'abord du dernier cas, sauf à parler plus tard du premier.

Du semis ou plantation.

La multiplication du chêne s'opère par le semis ou la plantation, soit à l'automne soit au printemps.

Le semis automnal dispense de conserver les glands pendant l'hiver, ce qui épargne beaucoup de soins ; cependant, comme il est plus difficile de les préserver des influences contraires lorsqu'on les confie à la terre avant la mauvaise saison, nous pensons que le semis de printemps est préférable au semis d'automne. Il en est de même de la plantation, lorsque l'on a à craindre les ravages des rongeurs ou du gibier, ou bien des inondations et des gelées tardives.

Quant à la question de savoir si le semis doit être préféré à la plantation ou la plantation au semis, nous croyons que la plantation doit être employée quand on veut repeupler des clairières existant dans des cultures antérieures ou bien des terrains vagues ayant longtemps souffert du manque de couvert. On recourra au contraire au semis lorsque ces clairières sont assez étendues, parce que le recrû n'aura alors que peu ou point à souffrir du taillis environnant.

Le semis s'emploiera lorsqu'il s'agira de repeupler de grands espaces plantés. Dans ce cas, le moyen est moins coûteux, plus simple et plus expéditif; et, en outre, il n'expose pas à déranger les racines, ainsi que cela arrive par la plantation, ce qui occasionne un temps d'arrêt très-sensible dans le développement ultérieur du chêneau.

Semis de chênes.

De la récolte et de la conservation du gland.

La première condition de la réussite du semis consiste dans le bon choix des glands qu'on veut employer comme semence. Il faut d'abord rejeter ceux qui commencent à tomber vers la mi-septembre, parce qu'ils sont ordinairement véreux ou de mauvaise qualité. Les glands de bonne qualité doivent être gros, lisses, bruns, luisants et sans piqûres de vers. On les récoltera autant que possible par un temps sec, et après que le brouillard est passé. Afin d'empêcher leur altération, on ne les mettra pas immédiatement en tas. On les étendra en couches peu épaisses dans un lieu sec et aéré où on les laissera ressuer pendant quelque temps. Dès que leur enveloppe commencera à se détacher, on devra songer à leur conservation ultérieure : on peut à cet effet employer différents moyens.

S'il s'agit de faibles quantités, on les conservera dans l'habitation, dans un lieu aéré et abrité, et on les stratifiera en les mélangeant soit avec du sable ou de la terre légère, soit avec des cendres de bois ou de la poudre de charbon. De la paille hâchée ou des glumes de céréales parfaitement sèches peuvent également servir; les tas ne doivent pas dépasser 50 à 60 centimètres de hauteur.

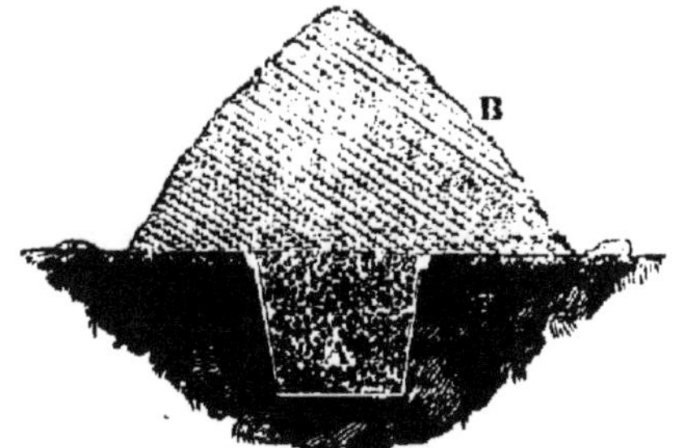

Fig. 5.

On peut également établir des tas à l'air libre, dans un endroit bien sec et élevé, que l'on garnit de feuilles sèches à la hauteur de 25 centimètres environ. On place ensuite les glands par tas coniques d'un mètre de hauteur, et on les recouvre d'une couche de feuilles, de mousse ou de paille. On établit ensuite une couverture en paille dans le genre de celles que l'on pose sur les meules de grain ou de foin.

On conserve aussi les glands en silos ou dans des fosses. Quand on veut employer ce moyen, on creuse une fosse de 1 mètre à 1m,50 de profondeur, dont on garnit le fond et les parois avec de la paille (A fig. 5) et on y stratifie la semence en l'alternant avec une couche de menue paille ou de feuilles sèches. On recouvre ensuite le silo avec des planches, par-dessus lesquelles on élève une butte épaisse de terre bien tassée (B), afin d'empêcher le froid et l'humidité de pénétrer.

Quel que soit le mode employé, il est indispensable de mettre les glands à l'abri des attaques des souris et autres rongeurs qui en sont très-friands.

Exécution des semis.

Avant le semis, on doit préparer convenablement le terrain afin que la graine trouve un milieu convenable à la germination.

Lorsque ce terrain est situé en plaine, qu'il est tassé et d'une nature compacte, on lui donne la façon nécessaire en le cultivant en céréales ou en plantes sarclées, de telle façon que le semis de chêne puisse immédiatement suivre une de ces récoltes. Il faudra néanmoins subordonner à la fertilité du sol le nombre de récoltes à en tirer, et en tous cas ne pas demander plus de deux récoltes dans les terres maigres ou effritées.

Le semis a lieu de plusieurs manières.

1° On exécute un labour à la charrue, et l'on donne une demi-semaille de seigle, si c'est en automne, et d'avoine ou d'orge si c'est au printemps. On recouvre ensuite les glands par un hersage sur une épaisseur de 3 à 4 centimètres au plus. Lors de la récolte des céréales, on aura soin de laisser de hautes éteules, afin que les chêneaux ne soient pas endommagés. On emploie 10 à 12 hectolitres de glands à l'hectare.

2° On herse le terrain à emblaver, et on sème à la volée, par hectare, 12 à 16 hectolitres de glands, suivant leur grosseur; en recouvre ensuite comme ci-dessus.

3° On peut encore égaliser le terrain au moyen d'un hersage, et on ouvre, au moyen de la charrue, à la distance de 1 mètre à 1,50, un sillon de 5 centimètres de profondeur dans une terre forte, et de près du double dans une terre légère. On place les glands dans ce sillon en les espaçant de 10 à 15 centimètres. On recouvre ensuite au moyen d'un léger trait de charrue.

Ce semis ne réclame que 5 à 7 hectolitres de glands par hectare.

4° Dans les terrains où il est impossible de se servir de la charrue, on peut planter les glands à la houe, ainsi que cela se fait pour les pommes de terre. On emploie alors la même quantité de semence que dans la méthode précédente.

Ces diverses manières de semer le gland se rapportent toutes au cas où le terrain peut recevoir une emblavure préparatoire; dans le cas contraire, qui est le plus ordinaire, on modifie ces procédés de la manière suivante.

Préparation des terrains par bandes alternes.

Cette méthode consiste dans l'ouverture de sillons dans lesquels on dépose le gland, en les alternant avec des bandes laissées incultes. Si le terrain est en plaine, on donne à ces rayons la direction du levant au couchant; s'il est situé en côte, on doit laisser de côté cette règle, parce que les rayons alors doivent couper horizontalement la pente, afin qu'ils ne fassent pas gouttières et que les plantes ne soient pas exposées ainsi à être emportées par les pluies. On éloigne ordinairement ces rayons de 1 mètre à 1m,30 les uns des autres; quant à leur largeur, elle dépend de la nature du sol et des plantes nuisibles qui le couvrent. Si le sol est compacte, si les plantes ont une tendance à tracer, on devra labourer le rayon sur une plus grande largeur, mais il sera inutile de dépasser le tiers de l'espace réservé entre chaque ligne de plantes, parce que le gazon enlevé du rayon lui faisant contre-bas, il ne pourra jamais rester qu'une faible superficie sans culture. Sur les terrains montueux, leur largeur sera calculée sur la rapidité de la pente ; plus celle-ci sera forte, moins de largeur il sera donné aux bandes cultivées.

En plaine, les rayons se tracent au moyen d'une forte charrue en fer, et, dans les endroits où l'on ne peut s'en servir, on emploie la houe. Dans ce cas, on retourne d'abord le gazon et on ameublit ensuite la terre avec un fort râteau en fer. On recouvre avec le même instrument.

Préparation des terrains par places, trous, poquets, etc.

Ce mode de culture, dans lequel on forme des places ou trous de différentes formes ou grandeurs suivant la nature du sol, ne demande ni grands frais ni beaucoup de semences ; mais son application présente quelquefois des inconvénients, et notamment dans les sols qui sont exposés à être envahis par les mauvaises herbes. Dans ce cas, les plantes nuisibles entourent les plans et les recouvrent bien plus facilement que lorsque le terrain est préparé par bandes alternes, et il se produit ensuite des clairières dont le repeuplement exige des dépenses relativement assez fortes. D'un autre côté, ce système peut être employé avantageusement sur des pentes rapides, dans des terrains pierreux où, pour le repeuplement de petites clairières, on ne peut avoir recours aux bandes. Et encore, dans ce dernier cas, on devra donner la préférence au système de plantation, si l'on n'est pas arrêté par la question d'argent.

Le semis par places s'opère en ouvrant, à la herse ou au râteau, des trous carrés de 50 à 60 centimètres environ de côté, séparés les uns des autres par des intervalles de 60 centimètres à 1 mètre qu'on laisse en friche. Les déblais provenant de cette opération sont entassés à la surface en dessous, sur le bord méridional, lorsqu'ils sont en plaine, et sur le bord inférieur lorsqu'ils sont en pente. Le terrain ainsi débarrassé est ensuite ameubli à la bêche ou de tout autre manière. Puis on distribue les glands de façon qu'ils se trouvent sur chaque place à un distance de 5 à 10 centimètres entre eux, et on recouvre comme nous avons déjà dit.

Plantation des glands.

Cette méthode est la plus simple et la moins dispendieuse; elle s'opère de différentes manières.

a. *A la houe ordinaire.* On soulève la terre au moyen de cet instrument, on place un ou deux glands en dessous et on laisse ensuite retomber la terre; ce procédé n'est applicable que dans des conditions de terrain très-favorables; nous ne le conseillerons pas dans des terres fortes et engazonnées.

b. *A la houe bident de Poock* (fig. 6). Cette

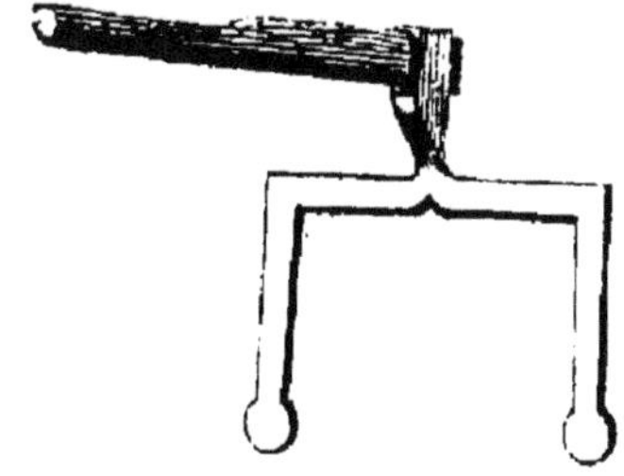

Fig. 6.

houe ne diffère de la précédente que parce qu'elle permet de travailler plus vite dans les terres meubles et de placer plus régulièrement les glands. On l'emploie beaucoup dans le Hanovre, et on n'a eu qu'à se louer des résultats qu'on en a obtenus.

c. *Au moyen de marteaux-planteurs* (fig. 7). Employés en grand dans le Wurtemberg, on a remarqué qu'ils accéléraient beaucoup la be-

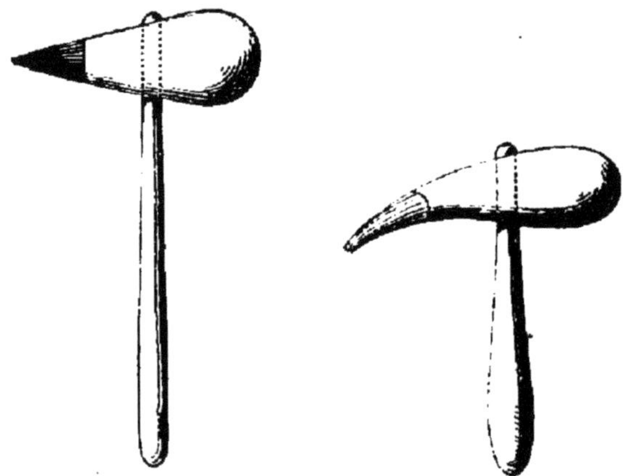

Fig. 7.

sogne quand les ouvriers savaient s'en servir. Au moyen du petit bout, qui est garni de fer, on fait un trou en terre, on y place le gland, et on recouvre ensuite en se servant de la tête de l'instrument, qui est en bois.

d. *Au plantoir ordinaire, au plantoir à ner-*

vures (fig. 8). Le premier de ces instruments est très-fatigant, et n'est presque plus en usage. On le remplace par le plantoir à nervures, que

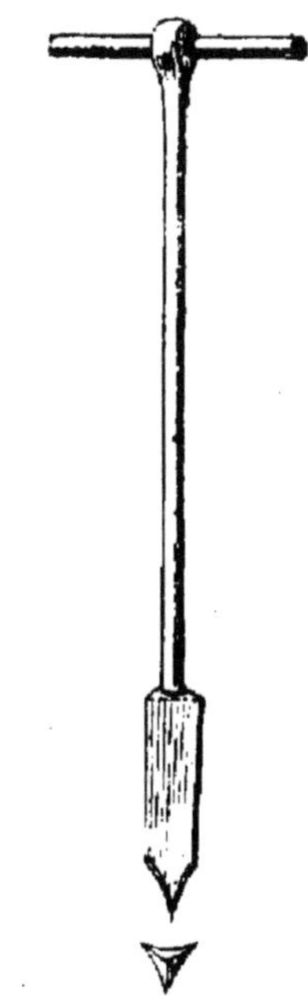

Fig. 8.

l'on manie comme une sonde en lui imprimant un mouvement de rotation par lequel les nervures détachent les terres environnantes et les font tomber dans le trou. Ce procédé est considéré comme le plus parfait pour la plantation du gland à demeure.

Quel que soit le mode de semis que l'on veuille adopter, il ne faut pas oublier que plus tôt il sera effectué après l'exploitation, plus il présentera de chances de réussite. Il faudra aussi avoir soin d'extraire les vieilles souches de chêne qui dépérissent, et celles des autres essences que l'on veut détruire.

Dans le cas où le semis se couvrirait de mauvaises herbes de manière à nuire au jeune recrû, il y aurait lieu d'en abandonner la coupe à des personnes sûres auxquelles on imposerait exclusivement l'emploi de la faucille dentée. On les rendrait en même temps responsables du dommage qu'elles pourraient occasionner ; et, pour faciliter la constatation des dégats éventuels, on délimiterait l'étendue de terrain dont chacune d'elles aurait la jouissance.

De la plantation du chêne.

Nous avons dit dans quelles circonstances on pourrait recourir favorablement au semis ; nous allons examiner maintenant quand on peut employer plus avantageusement la plantation.

On aura recours à la plantation quand on

verra que les jeunes plants sont menacés de destruction par les rejets qui les entourent, que les clairières et les vagues sont effrités par l'action des agents atmosphériques sur le sol, ou enfin que la couche arable ne présente pas une nourriture suffisante au plant.

a. *Du plant, de ses qualités et de sa culture.* —Le plant de chêne doit avoir des racines nombreuses, fraîches, unies, sans ruptures ni lésions; une tige droite, sans blessure; une écorce lisse, blanche, sans taches, non couverte de mousse ou de lichen; des branches suffisamment développées et des pousses vigoureuses et en rapport avec le tronc. Il peut être âgé de 1 à 8 ans, suivant la destination qu'on lui réserve. S'il s'agit de repeupler des clairières peu importantes ou des terrains dont la couche végétale laisse à désirer, on emploiera des sujets plus forts, capables de résister au couvert environnant, et dont les racines peuvent aller puiser leur nourriture à de plus grandes profondeurs. Dans des cas ordinaires, on se servira de préférence de semis de 1 à 3 ans, parce que plus les plants sont jeunes, mieux ils supportent la transplantation, et qu'il y a d'ailleurs une assez notable économie dans le prix de revient.

Il y a plusieurs moyens de se procurer les plants dont on a besoin; le plus économique consiste à prendre des brins dans les parties des peuplements où le recrû est tellement complet, que l'on peut en extraire des plants isolés sans craindre de créer des vides. Il faudra cependant éviter de choisir les endroits trop fourrés ou trop couverts, parce que les brins y sont généralement fluets, trop filés, délicats ou rabougris et ne donnent qu'exceptionnellement de bons résultats ou exigent un recepage coûteux.

L'extraction de ces plants doit se faire à la bêche, avec soin et de manière à ne pas endommager le pivot de la racine; on réussira d'autant mieux que les brins seront plus jeunes. Autant que possible, on fera en sorte que le terrain où se fera l'extraction ait de l'analogie avec celui où l'on se propose de faire la plantation.

Quand les circonstances ne permettent pas de prendre les plants dans des peuplements existants, ou quand on a besoin de sujets ayant beaucoup de racines latérales et moins de pivot, comme, par exemple, pour les terrains pierreux à couche végétale faible, ou bien encore quand on doit employer des plants ayant plus de 3 ans d'âge, on cultive les plants en pépinière.

On choisit à cet effet un emplacement, dont

la nature se rapproche autant que possible de celle du terrain qu'on veut planter, et qui n'en sera pas éloigné.

Les opérations dans la pépinière se subdivisent en deux grandes sections : le *semis* et le *repiquage*.

Il n'est pas indispensable que ces deux genres de travaux s'effectuent dans le même endroit, car le transport des jeunes plants est très-facile et n'exige pas de grands frais. En ceci, la question la plus importante est de trouver un emplacement qui réunisse toutes les conditions que réclame chacune de ces deux opérations. Le terrain le plus propre au semis sera doux, frais, riche en humus, sablo-argileux, ou bien encore un terrain riche, argilo-siliceux ; un sol très-argileux, compacte, pauvre, ne peut convenir en aucune façon. L'exposition doit être choisie de manière que le plant soit abrité contre les gelées nocturnes et les rayons trop ardents du soleil.

On se prémunira des ravages du gibier au moyen d'une clôture, et de celui des souris à l'aide de fossés à revers perpendiculaires.

L'étendue de la pépinière est subordonnée à la quantité et à l'âge des plants dont on a besoin.

La préparation du sol pour le semis peut avoir

lieu à l'aide d'une culture sarclée ou à la bêche; il faut, en tout cas, avoir soin de le nettoyer convenablement et de le remuer jusqu'à 25 à 40 centimètres de profondeur. Si le sous-sol souffrait d'un excès d'humidité, il y aurait lieu d'exhausser les plates-bandes et de hâter l'écoulement de l'humidité surabondante, au moyen de fossés d'assainissement.

Après le labour et le nivellement de ces plates-bandes, on procède au semis des glands. Cette opération s'effectue le plus convenablement en lignes éloignées les unes des autres de 30 à 45 centimètres, dans lesquelles on dépose les glands à une distance de 3 à 5 centimètres; et on les recouvre ensuite de 3 à 5 centimètres de terre. On rapproche ainsi les glands, dans la crainte qu'ils ne lèvent pas tous. Si, plus tard, le semis est trop serré, on l'éclaircit de manière que les brins soient espacés de 5 à 6 centimètres, si on repique la 2e année; et de 6 à 10, si cette opération n'est exécutée que la 3e année.

Les plates-bandes doivent être tenues propres par des binages suffisamment répétés.

Les brins restent sur les plates-bandes jusqu'à l'âge de 2 à 3 ans; à cet époque, on les met en place où on les repique en pépinière. On supprime alors une partie du pivot (fig. 9 A.), en ayant égard au placement et au nombre des racines latérales, et un peu aussi à la puissance de la couche végétale du terrain dans lequel on veut planter les brins. C'est cette dernière circonstance qui doit aussi guider dans le choix et la préparation du terrain où l'on se propose de repiquer le jeune chêneau. On cherchera à lui

Fig. 9.

faire développer des racines latérales et du chevelu en lui donnant une terre très-riche et très-meuble.— On repique ordinairement à 20 ou 30 centimètres de distance dans tous les sens.

Ce repiquage peut aussi se faire sur rigoles de 25 à 40 centimètres de largeur, dans lesquelles on espace les plants de 15 à 25 centimètres.

Ainsi que nous l'avons déjà fait observer, on n'emploie généralement, pour l'établissement de chênaies à écorces, que des plants n'ayant pas dépassé l'âge de huit ans. Si on voulait en prendre de plus vieux, il faudrait alors les écarter davantage, et les tenir à la distance de 50 à 60 centimètres, si l'on voulait élever des hautes tiges (au-dessus de $1^m,50$). En aucun cas, du reste, nous ne conseillerions de faire des plantations de cette force, parce qu'elles deviendraient trop coûteuses.

Pour procéder au repiquage, on extrait les plants de semis de manière à leur occasionner le moins de lésions possible. A cet effet, on enfonce une bêche dans la terre à distance convenable du brin; on lui imprime un mouvement de bascule en bas, et le brin est ainsi soulevé doucement. On rabat ensuite le pivot, comme nous l'avons déjà dit; mais on ne touche en aucune façon aux branches, à moins que la cime ne soit fourchue, et, dans ce cas, on rabat le bras le plus court. Puis on plante le sujet dans les rigoles qu'on a ouvertes, en ayant soin que les racines y soient placées dans leur position naturelle, et on recouvre. Pour assurer la réussite, il ne reste plus alors, qu'à bien serrer la terre, autour des racines. Les seuls soins que réclament ensuite les jeunes chênes se bornent à un ou deux binages annuels jusqu'à ce qu'on les mette définitivement en place.

Ce repiquage s'exécute ordinairement au printemps.

b. *Plantation*. — Que le plant dont on veut se servir pour la plantation se trouve dans un semis naturel ou qu'il appartienne à une pépinière, la manière la plus avantageuse d'en opérer l'extraction sera toujours celle que nous venons d'indiquer pour le repiquage. Quelle que soit, du reste, la méthode dont on veuille faire usage, il ne faut pas oublier que le chêneau veut être extrait soigneusement et qu'on ne peut l'arracher à la main sans s'exposer à détruire une partie de son pivot et de son chevelu.

Dès que l'opération de l'arrachage est terminée on doit mettre immédiatement le jeune plant en jauche, afin que l'air n'en dessèche pas la partie souterraine.

Le jeune brin ayant été déplanté comme nous venons de l'indiquer, on procède à son *habillage* ou sa préparation. Cette opération consiste à supprimer avec un instrument bien tranchant les parties qui ont été endommagées lors de l'extraction, et la suppression se fait immédiatement au-dessus de l'endroit endommagé. Cependant nous devons dire qu'en principe, on doit autant que possible s'abstenir, dans ce cas, de supprimer une partie des branches ou des feuilles du chêneau.

La plantation à demeure s'exécute de différentes manières, suivant les circonstances locales et l'âge des brins. Si, par exemple, on pouvait la faire précéder d'une emblavure agricole, on ne devrait pas négliger de le faire, parce que la culture antérieure du sol serait une excellente préparation pour la plantation qui viendrait après. On pourrait alors procéder à la plantation au moyen de la charrue et se munir de plants de 2 à 3 ans. Dans ce cas, on trace le sillon à la distance que nous avons indiquée, et, après y avoir placé les plants, on recouvre leur racines au moyen d'un second coup de charrue. D'autres tracent le sillon au moyen d'une charrue, déposent la terre des deux côtés, ouvrent le sol au moyen d'une forte bêche qu'ils enfoncent perpendiculairement dans le sol, et ils élargissent l'ouverture au moyen d'un mouvement de va-et-vient d'autant plus prononcé que la terre est légère. Un ouvrier place ensuite les plants dans ces ouvertures et les serre au moyen du pied.

Si la plantation ne peut être effectuée de cette

manière, on a recours à la confection de trous, qu'on creusera de diverses manières et auxquels on donnera de plus ou moins grandes dimensions, suivant la nature du sol et la force du sujet et de ses racines. Les plants de 1 à 3 ans demandent déjà des excavations de 30 centimètres de diamètre et de profondeur. Dans des sols très-argileux, compactes, pierreux, on donnera encore plus d'espace, de manière à pouvoir entourer les racines de bonne terre végétale si on ne plante pas en motte. On se servira alors des instruments ordinaires; mais, dans les sols convenablement meubles et sans pierres, on pourra opérer au moyen du plantoir Biermanns et encore mieux du plantoir Lange (fig. 10), au moyen desquels on fait les trous à l'aide d'un simple mouvement de rotation. Dans l'un ou l'autre cas, du reste, la plantation s'exécutera de la manière ordinaire; et elle réussira très-bien quand on aura eu soin de placer les racines avec attention, de bien ameublir le sol environnant et de le comprimer ensuite suffisamment.

Lorsqu'on doit faire la plantation dans des trous, on fait souvent usage de plants pourvus de mottes, surtout lorsque l'on prend les brins dans les peuplements environnants ou que l'on plante en montagne. Ces mottes doivent être alors de dimensions telles, que les racines des plants ne soient pas endommagées. Pour obtenir ce résultat, on emploie à l'extraction deux ouvriers à la fois, qui attaquent le sujet de deux côtés en même temps, et le soulèvent au moyen de fortes bêches. On le transporte en-

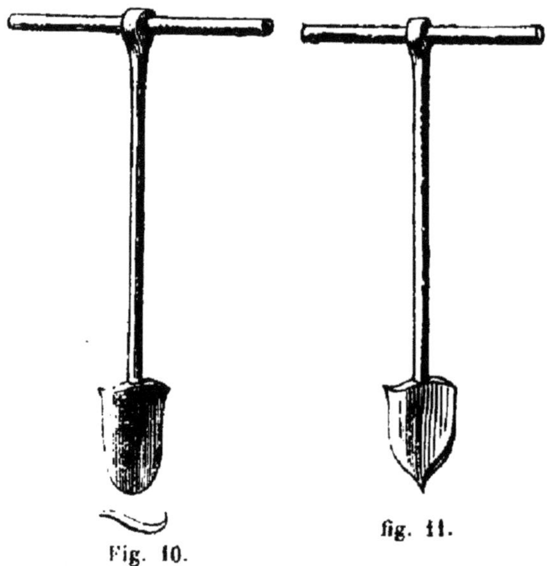

Fig. 10. fig. 11.

suite sur l'emplacement qu'il doit occuper, et là on retranche toutes les parties de ses racines qui dépassent la motte. Quand celle-ci est mise en place, on apporte le plus grand soin à combler les vides qui peuvent exister entre elle et les parois du trou, car, sans cette précaution, la végétation ultérieure du chêneau aurait beaucoup à souffrir.

Toutes les prescriptions ci-dessus s'appliquent à la plantation de brins dans leur état normal.

Quelques personnes, se basant sur ce que les rejets de souche croissent plus vite que les

Fig, 12.

plants provenant de semences, recèpent les chêneaux avant ou après leur plantation à demeure. Ce procédé ne donne pas les résultats qu'on semblerait devoir en obtenir, parce que les plants ainsi mutilés sont privés des organes indispensables à l'élaboration de la première séve et qu'ils ne forment des jets qu'à la deuxième;

ils perdent ainsi la meilleure partie de leur temps de végétation, et l'hiver arrive avant qu'ils soient encore suffisamment aoûtés pour résister à la rigueur de la saison.

Le recepage est cependant profitable lorsque les plants se sont remis des fatigues occasionnées par la transplantation et qu'il sont en place depuis 2 ou 3 ans; il est même nécessaire quand on a affaire à un recrû qui vient mal et qui reste rabougri. Cette opération s'exécute à l'aide du sécateur ou de serpettes bien tranchantes ou, lorsque l'on a à opérer en grand, à l'aide de la cognée (fig. 12) et du couteau à receper

Fig. 13.

(fig. 13). Si l'on se sert de la cognée, il faut qu'elle rencontre un point d'appui, afin que la taille soit bien nette; quand l'ouvrier emploie le couteau à receper, il tient l'instrument de la main droite, incline le plant de la main gauche et procède ainsi à l'étêtage, en ayant soin d'appuyer le pied sur les racines.

De la forme et de l'espacement de la plantation.

L'espacement régulier des plants n'est d'une nécessité absolue que lorsqu'on veut obtenir du sol certains produits accessoires dont nous parlerons plus tard ; il est cependant utile, en ce qu'il permet de régulariser le couvert forestier et qu'on peut ainsi faire des économies sur la quantité de plants nécessaires à la plantation.

Lorsque l'on plante sur sillons tracés à la charrue et que l'on mesure l'espace à réserver dans les lignes au moyen du plantoir ou du manche de la bêche, on obtiendra un peuplement passablement régulier. Il n'en sera pas de même si l'on opère sur un terrain préparé autrement. Il conviendra alors de déterminer d'avance la forme que l'on veut donner à la plantation, car, de cette façon, l'opération demandera beaucoup moins de temps que si on laissait aux ouvriers le soin de planter comme bon leur semble.

La plantation peut se faire de quatre manières :

1° En allées ou files (fig. 14);
2° En triangles équilatéraux (fig. 15);

Fig. 14.

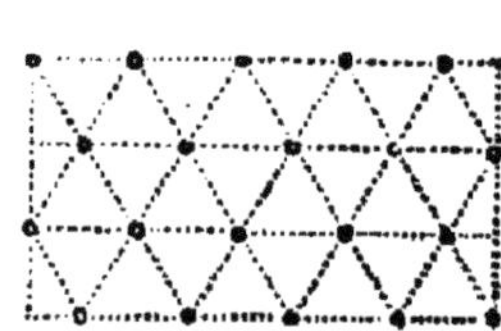
Fig. 15.

3° En carrés (fig. 16);
4° En quinconces (fig. 17).

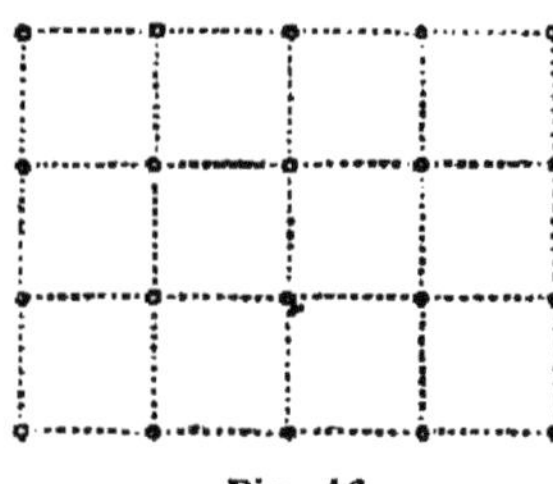
Fig. 16.

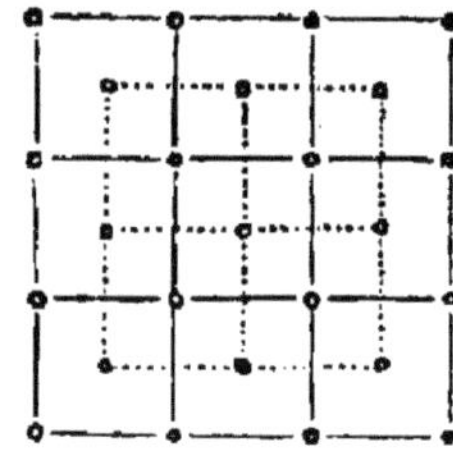
Fig. 17.

On exécute ces tracés au piquet ou à l'aide d'un cordeau sur lequel on marque, au moyen de nœuds ou de chevilles, l'espace à laisser entre les plants. La forme à donner à la plantation étant avant tout une affaire de goût, il semble inutile de s'y arrêter autrement que pour indiquer en nombres ronds la quantité de plants à employer dans les deuxième et troisième formes de plantation. Quant à la première forme, le nombre de plants à employer par hectare dépendant de l'espacement des rigoles et de la distance à laquelle les plants y sont placés, il suffit de savoir combien on en a mis dans une file pour trouver immédiatement la quantité que contiendront les autres files.

Le tableau ci-joint donne en nombres ronds, les quantités nécessaires pour les autres méthodes.

ESPACEMENT.	NOMBRE DE PLANTS A PLACER PAR ARE	
	EN TRIANGLES ÉQUILATÉRAUX.	EN CARRÉS
0m,30	1000	950
0m,45	490	420
0m,60	275	240
0m,75	175	150
1m,00	120	100
1m,15	90	75
1m,30	70	60
1m,45	55	45
1m,60	45	40

Frais d'établissement.

Les frais occasionnés par le semis ou la plantation de taillis à écorces dépendent de la nature du sol, du prix de revient de la main d'œuvre et du plus ou moins d'expérience des ouvriers employés. Les travaux de labourage, le transport des plants, la confection des trous, le binage, enfin toutes les opérations qui se contrôlent sans difficulté peuvent être données à l'entreprise ou à la tâche. La plantation, le semis, l'habillage des plants et tous les autres travaux qui réclament beaucoup de soins et d'attention, doivent être exécutés à la journée et sous une surveillance de tous les instants, car c'est de leur bonne exécution que dépend la réussite de toute la culture.

Frais de semis.

On donne ordinairement :

1) Pour récolter un hectolitre de glands, suivant qu'ils sont plus ou moins communs, de 1 fr. à 2 fr. 50.

2) Pour faire à la houe, sur un hectare, des rayons à $1^{m}30$ de distance et ayant 45 centimètres de largeur, pour les nettoyer et les ameu-

blir à une profondeur de 20 à 25 centimètres, et pour y planter les glands à 10 ou 20 centimètres de distance et les recouvrir convenablement, de fr. 30 à 45.

Si la largeur des rayons est de 60 centimètres, de fr. 45 à 60.

3) Pour tracer ces rayons à la charrue dans un terrain non préparé par une culture antérieure, par hectare, suivant la nature du sol :

à 1 mètre de distance,	de fr.	8 à 18
à 1 30	»	»	6 à 15
à 1 60	»	»	4 à 11

4) Pour ameublir la terre de ces sillons et la rendre propre à recevoir le semis :

à 1 mètre de distance,	de fr.	4 à 8
à 1 30	»	»	3 à 6
à 1 60	»	»	2 50 à 5

le tout pour culture sur bandes alternes.

Quant à la culture sur places, trous ou pockets, etc., il est impossible d'en établir ici un devis même approximatif, parce qu'il doit être fixé d'après le nombre de places que l'on veut faire et la nature du sol et de son couvert. Le meilleur moyen de se rendre compte de la dépense à en résulter est de faire travailler un ouvrier pendant une journée entière; la besogne qu'il aura accomplie pendant ce temps pourra servir de base aux calculs que l'on voudra établir.

La plantation des glands, d'après les différentes méthodes que nous avons indiquées, entraînera, dans les circonstances ordinaires, une dépense de trois à quatre journées de travail par hectare.

Frais de la plantation.

a) *Établissement de pépinières.* 1) La préparation du sol, par deux labours successifs à la bêche, le nettoiement du terrain, l'extraction des pierres, des racines, etc., coûte, par are, suivant le plus ou moins de difficulté qu'on rencontre, de fr. 10 à 25.

2) Un labour à la bêche, lorsqu'il y a lieu d'extraire des racines et des pierres, revient, par are, de fr. 5 à 7.

3) Pour convertir le terrain bêché en plates-bandes de plus de 1 mètre de largeur, les égaliser, tracer les raies pour le semis en ligne à 30 centimètres de distance, y semer les glands à 3 ou 5 centimètres l'un de l'autre, et ensuite

les recouvrir au rateau, en déboursera, par are, de fr. 2 à 3 50.

4) Pour le repiquage, qui, outre la bonne préparation du terrain, demande certains travaux spéciaux, tels que l'extraction du plant, son habillage, sa mise en jauche, le tracé des rayons à la distance de 25 à 40 centimètres, la mise en place des brins à 20 ou 30 centimètres l'un de l'autre, etc., on payera, par are, de fr. 8 à 15.

b) *Plantation à demeure.* Le terrain étant complétement débarrassé des vieilles souches, et les plants pouvant être pris à une distance de 1,000 mètres, on donnera pour la plantation d'un hectare :

1) De plants de 1 à 3 ans, sur rayons faits à la charrue, y compris les frais de transport à pied d'œuvre, suivant l'une des méthodes décrites plus haut, de fr. 12 à 18.

2) De plants de 60 centimètres à 1 mètre de hauteur, avec mottes, y compris l'extraction, le transport, la confection des trous à un espacement carré de 1 mètre 33 ou pour 5,630 plants, de fr. 30 à 50.

3) De plants de 1 mètre à 1 30 de hauteur, à un espacement carré de 1 mètre 66 ou pour 3,628 plants, de fr. 20 à 40.

4.

Mélange du chêne avec d'autres essences.

Le peuplement où le chêne domine, et à plus forte raison celui où il se trouve seul, présente des inconvénients assez graves. On a remarqué, en effet, que cette essence n'améliorait pas le sol et qu'elle ne le maintenait même pas dans son état primitif. Cela tient à ce que ses feuilles, dont la couche sur terre est du reste très-mince, sont peu fertilisantes de leur nature et que les principes astringents qu'elles renferment empêchent la croissance du gazon et donnent naissance à des mousses. Aussi a-t-on reconnu qu'il était utile et même nécessaire de mélanger le chêne avec d'autres essences formant un massif plus serré et plus sombre. En ce qui concerne les haies à écorces, l'expérience a prouvé que ce mélange exerce une bien grande influence sur leur produit. C'est ainsi qu'un peuplement de chêne pur, situé dans une plaine fertile et exploité à 20 ans, a produit 4,278 kilogr. d'écorces par hectare, tandis qu'un autre, composé de deux tiers de chêne et d'un tiers de charme, a fourni, dans la même situation, 4,563 kilogr. par hectare ; et un troisième taillis, où le chêne était mélangé dans la même proportion avec du bouleau, a donné 3,554 kilogr. pour la même contenance, le tout écorces de tiges (1).

En présence de pareils résultats, il y a lieu de voir quel est le mélange le plus favorable, non-seulement sous le rapport de l'amélioration du sol, mais aussi et surtout au point de vue de la production des écorces.

La réunion de diverses essences dans le taillis présente toujours certains inconvénients lorsque leur végétation n'est pas uniforme, que l'une s'emporte, tandis que l'autre marche lentement. Sous ce rapport il n'y a que le bouleau et le charme qui ne nuisent pas au chêne, traité en taillis. Quand il est cultivé en haies à écorces, il faut autant que possible n'employer au mélange que des essences qui ne viennent pas de souches; le pin silvestre ou l'épicéa, suivant la nature du sol, conviendront très-bien dans ce cas. On évitera aussi d'y introduire les essences drageonnantes, telles que le tremble, par exemple, qui sont toujours difficiles à détruire.

Lorsque le choix du mélange est fait, il y a encore certaines précautions à prendre. Ainsi, on n'y emploiera les résineux qu'accidentellement, pour ainsi dire, et on les y répartira de

(1) *Annales forestières*, 1851, p. 10.

telle façon, qu'ils ne dominent pas dans le peuplement, qu'ils ne gênent pas le développement du chêne, ce qui arrive souvent dans les bons terrains, et enfin, qu'après leur exploitation, le taillis soit complétement composé de chênes. S'ils nuisaient au développement du taillis on remédierait à cet inconvénient en étêtant les gaules trop élancées, ou, si le terme de l'écorcement était proche, en les mettant sur souches.

Le semis est le moyen le plus facile d'effectuer le mélange. On emploie à cet effet environ 1 à 2 kilogr. de semences de pin silvestre ou 3 à 6 kilogr. de semences d'épicéa, que l'on sème, si la chose est possible, en lignes, entre les cépées de chêne. Pour la préparation du sol, il suffit presque toujours de passer la herse sur les places qu'on veut peupler, et l'on recouvre ensuite la semence à l'aide du même moyen.

Si on s'apercevait que d'autres essences à bois tendres ou des morts-bois cherchent à envahir les chênaies à écorces, on s'en débarrasserait facilement en les rabattant vers la fin d'août. Les jets qu'ils pousseraient ensuite, n'ayant pas le temps de se fortifier avant l'hiver, ne résisteraient pas aux gelées. Si cette opération ne réussissait pas la première année, on la renouvellerait l'année suivante et son succès serait alors assuré.

Enfin, pour résumer ce que nous avons à dire sur ce sujet, il faut, quel que soit le mélange qu'on adopte, avoir soin de surveiller le développement des essences qu'on a admises, afin de l'arrêter s'il menaçait d'entraver la croissance du chêne. Sans cette précaution, le mélange serait plutôt nuisible que profitable.

Conversion d'anciens peuplements de chêne, en haies à écorces.

Tout peuplement de chênes, lorsqu'il n'est pas composé d'arbres trop âgés, c'est-à-dire aussi longtemps qu'il donne de vigoureux jets de souches, peut être converti en taillis à écorces.—Cette propriété de donner naissance à des rejets est une qualité inhérente à l'essence, mais elle dépend aussi du sol; ainsi, elle se maintiendra plus longtemps dans un bon terrain que dans un mauvais. Il serait donc assez difficile de fournir des données précises sur la durée de cette propriété ; néanmoins l'expérience permet d'admettre que, dans un terrain médiocre, le chêne qui a dépassé l'âge de 40 ou 50 ans ne pourra plus donner de trochées suffisamment vigoureuses pour entretenir une chênaie à écorces. Dans un terrain de meilleure qualité, les arbres de cet âge pourront conserver encore pendant longtemps cette aptitude.

Dans la plupart des cas, lorsque le chêne domine dans les peuplements, on en rencontre de différents âges; il en est de même des essences avec lesquelles il est mélangé. S'il a été exploité comme taillis, on peut le convertir en haies à écorces, en éhoupant ou en abattant les essences étrangères qui pourraient le gêner; il faut cependant que les conditions de climat, d'exposition et de terrain ne fassent pas obstacle à cette modification. L'opération de l'éhoupage et de l'abattage se fera ou successivement d'année en année jusqu'à l'époque fixée pour l'exploitation du chêne, ou, tout à la fois, l'année qui la précédera; et on y procédera à l'époque de la séve estivale, afin de détruire ou au moins d'affaiblir les souches. Les clairières et les massifs incomplets et entrecoupés seront alors rétablis, au moyen du repeuplement des places vides, d'après l'une ou l'autre des méthodes indiquées précédemment, ou bien au moyen du *couchage* ou *marcottage* des jets qui se trouvent sur les cépées environnantes (fig. 18.) Dans la culture en grand, où les tuteurs pourraient occasionner d'assez grands frais, on pourra se dispenser de les employer.

Lorsque les marcottes seront convenablement enracinées, on les séparera de la plante mère au moyen d'un instrument tranchant, et on procédera au recepage. Si d'autres essences continuaient à se reproduire et menaçaient d'envahir le taillis ou de nuire à sa croissance, il y aurait lieu de les supprimer.

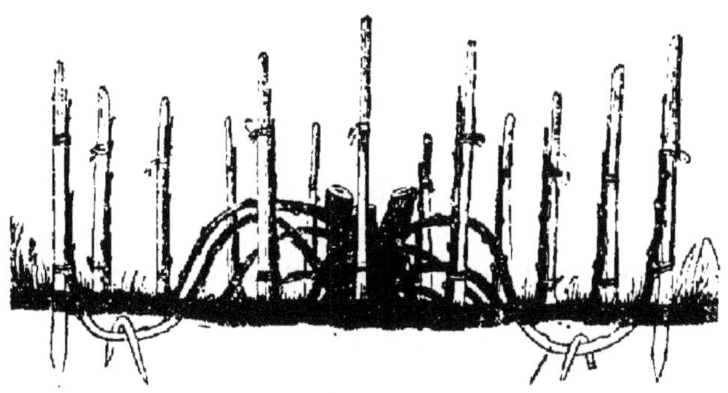

Fig. 18.

Les futaies où le chêne domine peuvent être également converties en haies à écorces, si les souches n'ont pas encore perdu leurs forces reproductrices et si certaines circonstances antérieures ne s'y opposent pas. Dans ce cas il est convenable de procéder peu à peu à cette conversion, afin d'habituer les chênes à une position isolée qui favorisera la production de nouvelles branches, d'un feuillage plus abondant et de nouvelles racines, qui sont indispensables pour donner de la vigueur et du développement à la cépée.

Cette opération demande beaucoup de soin et de circonspection. Si le couvert a déjà nui au développement des chênes, on abattra les arbres dominants, afin que ceux qui seront réservés puissent recevoir l'influence de la lumière, de l'air et des autres impressions atmosphériques. Cependant, si on avait affaire à un gaulis ou à un perchis venu dans un massif serré et dont les sujets seraient filés et sans corps, on devrait recourir à un autre procédé; car, en les isolant immédiatement, on ôterait aux chêneaux l'appui qu'ils se prêtent mutuellement, et ils se courberaient sous le poids de leur propre cime et sous celui du givre et de la neige. Dans cette circonstance, on devra donc se borner à ébrancher ou éhouper les arbres dominants, et on réservera leur tronc comme point d'appui aussi longtemps que le peuplement ne pourra se soutenir ou résister aux intempéries. Et, dans ce cas, il faudra encore avoir soin de ne pas faire trop de clairs dans le massif, parce que la lumière y favoriserait le gazonnement et l'effritement du sol, ce qui serait très-nuisible à l'avenir du peuplement conservé.

Quant aux essences que l'on ne veut pas conserver, on procède à leur destruction ainsi que nous l'avons dit à l'occasion de la conservation des taillis. On procède de même lorsqu'il s'agit de compléter le peuplement.

Traitement de haies à écorces déjà existantes.

Ce que nous avons dit jusqu'ici ne concerne que la création de chênaies à écorces; il nous reste encore à parler du traitement et de la régénération des taillis existants, avant de passer aux opérations applicables aux deux cas.

Il est constaté que le rendement des taillis à écorces tend tous les jours à diminuer. Cela provient surtout de ce que le chêne ne s'y reproduit jamais de semence, parce que, ainsi que nous l'avons déjà dit, le jeune plant ne supporte pas le couvert. Les places occupées par les souches qui cessent de repousser après chaque exploitation, se transforment en clairières. Les bois blancs et les morts-bois finissent par peupler ces clairières et ils envahissent ensuite les taillis, au grand préjudice du chêne, qu'ils font souvent disparaître entièrement. A côté de cet inconvénient, qui est pour ainsi dire inhérent à la nature même de l'arbre, il en est d'autres qui ressortent d'une cause toute différente. Parmi ceux-ci nous signalerons la mise en culture agricole des terrains peuplés en chênes à écorces. Cette récolte accessoire ne pouvant s'obtenir que par l'essartage de la superficie du sol, il en résulte que beaucoup de souches périssent par le feu, et que le même sort est réservé aux brins de semence, si par hasard il s'en trouve sur place. Nous citerons encore la négligence que la plupart des propriétaires apportent pour mettre leurs haies à écorces *en défends*, de sorte que les bestiaux et surtout les moutons peuvent venir brouter les jeunes pousses des cépées.

Pour remédier à tous ces inconvénients dans les haies à écorces déjà existantes, on détruira les bois de qualité médiocre en les exploitant pendant la séve estivale, et on procédera au repeuplement des clairières en remplaçant, par voie de semis, de plantation ou de marcottage, les souches ayant perdu leur faculté reproductrice. En outre, on ne permettra l'entrée des bestiaux dans le peuplement que dans des cas tout à fait exceptionnels et lorsque la croissance sera assez avancée pour n'avoir plus rien à craindre de la dent du bétail. Quant aux moutons, comme ils s'attaquent à l'écorce aussi bien qu'aux feuilles, on leur interdira toujours l'accès du taillis. *Le bois craint l'odeur du mouton*, dit un ancien proverbe; il y a dans ces quelques mots l'indication complète des dommages que ces animaux peuvent causer dans les peuplements.

Nous reparlerons, dans un chapitre spécial, des inconvénients et des avantages résultant de la mise en culture agricole.

De l'aménagement des taillis à écorces.

L'aménagement des taillis à écorces est l'opération qui consiste à régler, pour une ou plusieurs révolutions, son mode de culture ainsi que la marche et le nombre de ses exploitations.

Lorsque l'on ne possède qu'une petite étendue de bois et que les coupes se réduiraient à moins d'un hectare, il est inutile et même impossible de procéder à l'aménagement; on se borne alors à exploiter le taillis quand il a atteint le terme de la révolution, ou on le partage en deux ou trois séries que l'on écorce à des intervalles de deux ou trois ans. Mais, si les haies à écorces ont une grande étendue, il est convenable de déterminer la portion qu'on exploitera chaque année, en les divisant par contenances égales. On pourrait aussi essayer de faire une division qui aurait pour but d'égaliser les produits des diverses années, en proportionnant l'étendue des contenances à la qualité du sol; mais, outre que cette méthode est trop compliquée pour être employée avec exactitude par un particulier, elle est au cas présent soumise à trop d'influences pour être possible.

L'aménagement est donc basé sur la longueur de la révolution, c'est-à-dire sur la détermination du moment où les haies à écorces peuvent être le plus avantageusement exploitées, par rapport à la qualité de l'écorce et au meilleur prix qu'elle peut obtenir. Or, comme on a reconnu que l'écorce perd de sa qualité et de sa valeur quand elle se crevasse, on peut reconnaître que le moment de l'exploiter est arrivé lorsque les couches corticales du pied de l'arbre se couvrent de rugosités. Les plants de semis se développant plus lentement que les rejets de souches, il s'ensuit que l'écorce conserve plus longtemps le lustre de son épiderme; on peut alors retarder l'écorcement jusqu'à 20 ans. Mais dans les cas ordinaires la révolution ne dure que de 12 à 18 ans.

Dès que l'on est fixé sur ce point, on divise toute la contenance des haies à écorces par le nombre d'années trouvé, et on obtient ainsi la grandeur de la superficie à exploiter annuellement.

De l'exploitation des coupes.

a) *Assiette des coupes.* La désignation du lieu où doit être assise une coupe réclame toute l'attention de la personne chargée de diriger l'exploitation.

Toute coupe doit être disposée de manière que les rejets de souches soient à l'abri des vents du nord et de l'ouest. On obtient ce résultat, soit en abritant la superficie à exploiter du côté de nord et de l'ouest, au moyen de la partie du bois à front de taille qui reste debout, soit, quand cela n'est pas pratiquable, en donnant le moins de prise possible aux vents contraires. L'assiette des coupes ne sera donc pas toujours la même ; elle variera suivant l'exposition et la situation de la forêt à aménager. Si, par exemple, la forêt a une forme allongée dans la direction du sud au nord, et trop étroite pour y asseoir deux coupes convenables dans la direction de l'est à l'ouest, il faudra autant que possible les ouvrir à l'ouest, surtout si elles ne doivent avoir d'autres abris que la haie à écorces. Si, au contraire, la forêt forme une bande étroite dans la direction de l'est à l'ouest, on devra chercher à donner le moins de prise possible à la bise du nord.—On obtiendra un bon résultat quand les coupes qui sont à exploiter au commencement de la révolution, se trouveront placées du côté du nord ou de l'est, et les dernières du côté du sud ou de l'ouest.—Les résultats seront encore meilleurs lorsque toute la haie à écorce ou la série d'exploitation aura une étendue considérable, car alors on pourra la partager, d'après la forme et la situation du terrain, en une ou plusieurs subdivisions, sur lesquelles les coupes seront dirigées suivant l'exposition indiquée.

Les limites de ces divisions pourront en même temps servir de chemins d'exploitation ou d'emplacement pour l'écorcement ou l'empilage des produits.

Les coupes doivent en outre être établies à la suite les unes des autres, avoir une forme aussi régulière que possible et être disposées de manière à éviter que le bois d'une coupe en exploitation soit transporté à travers d'autres coupes précédemment exploitées. Enfin, en montagne, on devra d'abord exploiter les parties inférieures et passer ensuite successivement aux parties supérieures.

Nous ajouterons que l'établissement d'un plan d'aménagement rend indispensable la création d'une gradation dans l'âge des taillis, suivant le mode de succession adopté. Cette opération, qui doit être exécutée dans un bref délai et avec le moins de sacrifices possibles, ne peut être décrite ici, parce qu'elle est entièrement subordonnée à l'état des peuplements, à leur situation, à leur accroissement, etc., etc.

Dès que l'on aura fait la part de toutes ces influences, et qu'on se sera rendu compte des travaux nécessaires pour atteindre le but qu'on se propose, il sera facile de les exécuter.

b) *Exploitation des écorces.* La coupe à écorcer étant déterminée, on enlève, pendant l'automne et l'hiver qui précèdent l'exploitation, toutes les espèces d'arbres, arbrisseaux et arbustes autres que le chêne, afin que rien n'empêche de commencer l'écorcement dès que la séve apparaît et de le terminer dans le plus bref délai possible. Il y a intérêt à ce que l'opération se fasse avec promptitude, en ce sens que les rejets pourront encore profiter de la première séve et venir complétement à bois avant l'hiver.

On reconnaît qu'il est temps de procéder à l'écorcement quand on voit que les boutons commencent à se gonfler, à s'ouvrir et à laisser apparaître les premières feuilles. A la rigueur, l'opération peut être continuée jusqu'à l'entier épanouissement des feuilles, mais alors l'écorce se détache moins facilement, elle est moins riche en tanin, et elle perd par conséquent en valeur.—A la seconde séve, on peut de nouveau procéder à l'écorcement; il est rare cependant qu'on le fasse à cette époque, non pas qu'il y ait alors une diminution dans la richesse du tan, mais parce que les rejets ne peuvent pas mûrir suffisamment leur bois avant l'hiver.

Dès que l'époque où l'on doit procéder à l'écorcement est arrivée, on a soin de rassembler le plus d'ouvriers possible et on les met promptement à la besogne. L'opération se fait de différentes manières, suivant que l'on a affaire à de vieux chênes ou à de jeunes rejets de souches.

Les vieux arbres sont abattus avant leur décortication. On commence par inciser dans le sens de la circonférence, à un mètre 33 centimètres de distance; on fait ensuite d'autres incisions dans le sens de la longueur, de manière à former des lanières ayant 30 centimètres de largeur (fig. 19). On insinue ensuite l'*écorceur* (fig. 20, 21 et 22) sous les incisions qu'on a faites, et on détache ainsi l'écorce. L'écorceur a généralement la forme d'une petite cuiller plate, mais sans concavité ; il a 30 à 45 centi-

Fig. 19.

mètres de longeur et 3 à 4 centimètres d'épais-

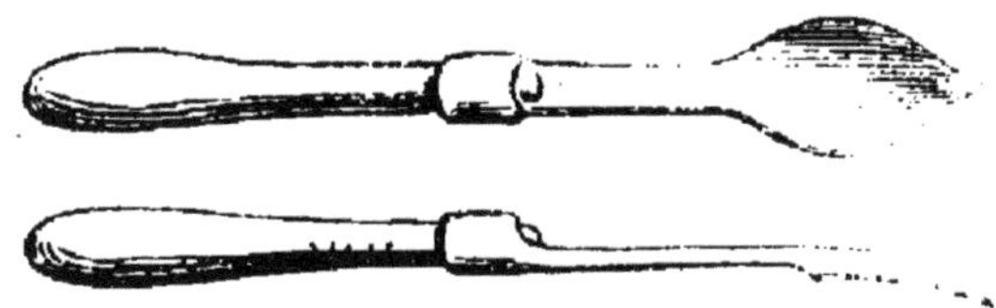

Fig. 20.

seur à la pointe (fig. 20) ; il est en fer avec manche en bois. Il peut aussi avoir la forme de

Fig. 21.

spatule ou de coin, et être fabriqué en bois de charme (fig. 21) ; son extrémité est alors garan-

Fig. 22.

tie par une plaque de tôle. Enfin les Anglais lui ont donné la forme d'une petite pelle en fer avec manche en bois (fig. 22).

A l'aide de l'un de ces instruments, si surtout on est favorisé par une pluie chaude ou par un vent du sud ou du sud-ouest, on avancera très-promptement la besogne. Si l'écorce adhérait en quelque endroit à l'aubier, on la détacherait en donnant des petits coups de marteau (fig. 23).

Fig. 23.

L'épiderme du vieux chêne est très-rugueux, et s'il est couvert de tubérosités, on ne procède à l'écorçage qu'après avoir enlevé, au moyen d'un couteau racleur (fig. 24), les couches corticales

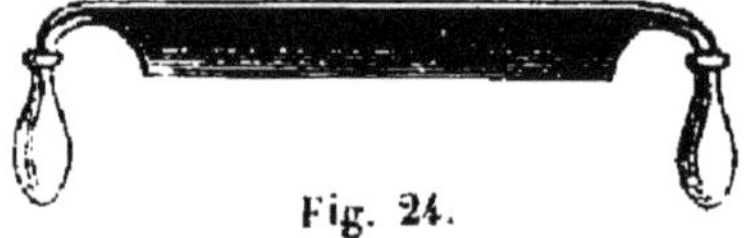

Fig. 24.

fissurées. Cette opération est d'autant plus utile, qu'elle supprime les parties de l'épiderme qui ne contiennent plus de tanin. — La perte qui en résulte sur la quantité des produits ne peut être exactement évaluée, parce qu'elle dépend de la plus ou moins grande épaisseur des couches corticales enlevées. Cependant on ne s'écartera pas beaucoup de la réalité en estimant cette perte à 20 ou 30 p. °/o et, pour de très-vieux arbres, à 40 p. °/o.

Les lanières d'écorces sont aussitôt détachées et étendues, le liber en dessous, en couches minces sur le tronc des arbres environnants ou sur un chevalet. Mais, quand il y a apparence de pluie, on les rassemble en tas et on les recouvre avec les plus larges lanières d'écorces dont on peut disposer; on charge ensuite ces tas au moyen de fortes pièces de bois, afin d'empêcher l'eau d'y pénétrer et de lessiver le tanin qu'elles contiennent.

On se sert du même moyen pour mettre les écorces non entièrement sèches à l'abri de la fraîcheur des rosées nocturnes, et on ne les étale à l'air qu'après le lever du soleil.

L'exploitation des jeunes chênes élevés spécialement en vue de l'écorcement, se pratique après l'abattage ou sur pied. Dans ce dernier cas, le bûcheron commence par cercler, c'est-à-dire par faire au pied de l'arbre une entaille circulaire assez profonde pour arriver jusqu'à l'aubier. Après avoir ébranché le sujet aussi haut que possible, il pratique dans l'écorce, avec la pointe de la serpette (fig. 25), suivant le

Fig. 25.

diamètre du sujet, une ou deux entailles longitudinales de quelques centimètres, et il la détache en la soulevant de bas en haut, au moyen d'un des outils figurés plus haut (fig. 20, 21, 22). Les écorces ainsi détachées restent quelquefois suspendues à l'arbre pendant quelques jours pour sécher ; d'autrefois on les enlève immédiatement. Un second bûcheron suit le premier et abat, à l'aide d'une hache très-tranchante, les arbres décortiqués.

Le pelage des parties que l'on n'a pu atteindre avant l'abatage, s'opère quand l'arbre est à terre. Dans ce but on construit de légers chevalets (fig. 26), soit avec des pieds fourchus

Fig. 26.

(fig. 27), soit avec des pieds liés ensemble en forme d'X (fig. 28), sur lesquels on étend les

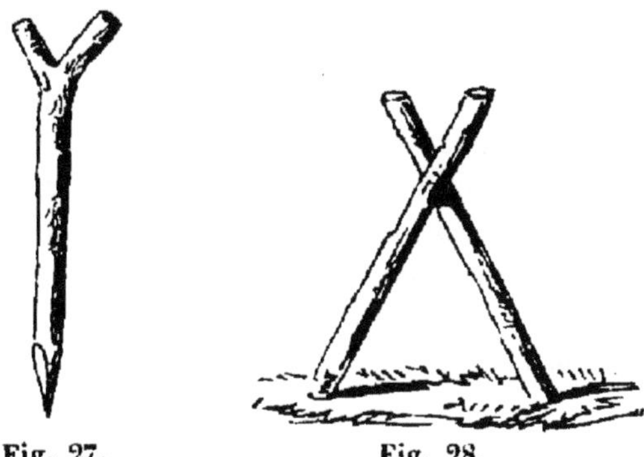

Fig. 27. Fig. 28.

parties qui restent à écorcer. Cette opération ne présente pas de grandes difficultés, mais il faudra le plus souvent se servir du marteau (fig. 23) pour enlever l'écorce des branches.

Lorsque l'écorcement des taillis ne devra s'opérer qu'après l'abatage, on aura soin de n'abattre à la fois que ce qui pourra être pelé le même jour. Les perches seront ensuite étendues sur les chevalets, que l'on construit d'une longueur suffisante pour que plusieurs ouvriers puissent y travailler simultanément. L'opération en elle-même ne présente, du reste, aucune particularité,

Les écorces étant enlevées, on les étend en couches minces, le liber en dedans, soit sur un lit de menu bois, soit en forme de toit contre les chevalets. On les y laisse ainsi quelques jours pour sécher, en ayant soin de les retourner de temps à autre. On se hâte ensuite de les rentrer sous un hangar ouvert, afin de les mettre à l'abri de la pluie et de la rosée, qui en diminuent le tanin. Cette dernière considération doit faire comprendre combien il est essentiel d'opérer le plus promptement possible la dessiccation.

Exploitation du bois.

Le bois écorcé, le menu bois et les ramilles doivent être relevés et façonnés dans le plus bref délai possible, afin que la repousse des souches éprouve le moins de dommage possible.

L'abatage du bois exige beaucoup d'attention et doit être exécuté de telle sorte, qu'il assure de bons et vigoureux rejets, tout en conservant la force reproductrice des souches.

C'est dans ce but que l'on coupe autant que possible entre deux terres, et de manière à ce qu'il ne reste que quelques centimètres de vieux bois au-dessus du collet de la racine. Cette règle n'admet d'exception que dans le cas où l'on reconnaîtrait que la souche est trop vieille pour produire des rejets sur l'ancien étoc, et alors on coupera dans le jeune bois. On pourra peut-être aussi ravaler les vieux-nœuds, si l'on s'aperçoit que l'exploitation antérieure a été vicieuse ou que la vieille écorce n'apportera aucun obstacle au développement d'une cépée convenable et normale; cette dernière opération se fera avec beaucoup de précaution, et elle n'aura lieu que dans le cas où l'intérieur des anciennes souches ne serait pas détérioré ou désorganisé.

On procédera à l'abatage avec des instruments bien tranchants (haches, hachettes, serpes, etc.); les souches auront la surface très-unie, oblique, inclinant dans le même sens (fig. 29), sans éclat, sans entailles, ni fentes,

Fig. 29.

afin que l'humidité ne puisse y pénétrer et occasionner ainsi leur décomposition. Par la même raison, on devra veiller à ce que l'écorce soit parfaitement adhérente à la souche au point où elle aura été coupée. On se gardera également d'employer la scie pour rabattre la souche, car cet instrument laisse une superficie peu unie et par conséquent exposée à la décomposition.

Nous ajouterons encore qu'il n'est pas nécessaire de conserver des balivaux et des porte-graines, à moins que le taillis ne soit exploité avant 16 ans; dans ce dernier cas, le sol étant peu couvert se dessécherait et serait peu favorable à la reprise des souches. Il faut alors leur conserver de l'ombre; et, dans ce but, on fera bien de réserver des arbres de limites ou de bordures.

Préparation des produits.

Dès que l'écorce est complétement desséchée, on la met en bottes ou en fagots. A cet effet, l'écorce des vieux chênes et celle provenant de taillis sont divisées suivant les usages locaux en longueur d'environ $1^{m}30$ à 2 m. et bottelées à part en fagots d'environ 1 mètre de circonférence.

Quant à celles des branches, on la met en paquets de 60 centimètres de longueur et d'environ 20 centimètres d'épaisseur. Ces paquets, qui ont la forme d'un gros nœud (fig. 30), con-

Fig. 30.

tiennent en outre toutes les lanières d'écorces trop petites pour entrer dans les bottes ordinaires.

Le tan, quelle que soit la manière dont on le prépare, doit être conservé en lieu sec et à l'abri de l'humidité, attendu qu'il est très-sujet à la moisissure et que dans cet état il perd de sa qualité et par suite de sa valeur.

Quant au bois, on le débite dans la forme qui peut donner le meilleur produit. Le bois pelé, qui gagne en dureté, par suite de sa dessiccation plus rapide et plus parfaite, est très-recherché. Les gaules de taillis sont ordinairement employées pour tuteurs dans les houblonnières et les pépinières, et aussi comme échalas dans les vignes. Les perches qui ont moins de 12 centimètres de circonférence ont l'inconvénient de se déjeter lorsqu'elles sont plantées à l'air libre ; on devra donc les laisser détremper quelque temps dans l'eau avant de les employer.

On dressera en cordes tout le bois que l'on ne peut pas placer plus avantageusement d'une autre manière. Le menu bois et les ramilles seront fagotés ou vendus en tas, suivant les usages locaux. Ces règles, toutes générales et qu'on ne peut guère préciser, peuvent varier, du reste, selon la position de l'exploitation et les circonstances diverses qui peuvent se présenter.

Vente des écorces.

La vente des écorces peut avoir lieu avant ou après l'exploitation.

1) A la botte ou à la corde;

2) Au poids;

3) Sur pied.

Dans la vente, il faut avoir égard à la perte en volume que le bois éprouve; cette perte est estimée à 1/8. Il faut de plus tenir compte des résultats négatifs de la séve du printemps et de la perte dans l'accroissement qu'elle provoque, comme aussi du surcroît de frais qu'occasionne l'exploitation. La valeur de l'écorce doit donc être supérieure à celle du bois. Comme les acheteurs ne sont pas ordinairement très-nombreux, le vendeur devra prendre garde qu'ils ne s'entendent entre eux. Il fera donc bien de vendre l'écorce sur pied et assez à temps pour pouvoir encore procéder lui-même à l'exploitation dans le cas où il ne pourrait obtenir des prix convenables. L'exploitation des écorces peut se faire aux frais du vendeur ou de l'acquéreur. Ce dernier mode est ordinairement le plus profitable pour les deux contractants, surtout lorsque le prix est fait à la botte ou au poids. L'acquéreur paye le prix de l'écorcement, de la dessiccation et du bottelage, qui sont faits à l'intervention du propriétaire et par ses ouvriers, et il est ainsi intéressé à ce que ces travaux se fassent avec promptitude et que toutes les parties de l'écorce soient mises à profit. Le vendeur se débarrasse ainsi de toute réclamation qui pourrait lui être intentée du chef de mal façon ou de défectuosité dans la dessiccation.

La vente au volume, à la botte ou à la corde peuvent encore occasionner des difficultés ; il vaudra mieux donner la préférence à la vente au poids ; et, dans ce cas, on aura soin de bien poser ses conditions, et de déterminer d'une manière précise si l'écorce sera pesée immédiatement après la décortication ou seulement lorsqu'elle aura été séchée. Et comme il est fort difficile de juger parfaitement le degré de dessiccation, afin de n'avoir pas de malentendu sur ce point, il sera bon de convenir que la pesée se fera le lendemain du jour où l'écorce aura été détachée.

Quel que soit le mode de vente, le vendeur devra toujours se réserver la surveillance de l'exploitation, afin de voir si elle se fait d'une manière rationnelle et de façon à ne pas diminuer dans l'avenir le revenu de ses haies à écorces.

Dans certaines contrées, les propriétaires exploitent eux-mêmes et ne vendent que l'hiver suivant. Les prix de l'écorce sont fixés alors suivant ses qualités, qui se déterminent de la manière suivante :

1) Écorce lisse, argentée, sans crevasses ni rugosités; liber épais, sans mousses ni autres excroissances parasites;
2) Cassure blanche, nette, argentée, non rougeâtre;
3) Dessiccation parfaite, conservation sèche, sans moisissure.

La meilleure écorce provient du milieu du tronc, à partir de 20 à 30 centimètres de terre; celle du pied et des branches est moins riche en tanin. Les vieux arbres sont encore plus pauvres en ce gallate que les jeunes.

Produit en matière et en argent.

Les circonstances locales ayant une grande influence sur la quantité des produits en matière obtenus dans l'exploitation des forêts, il s'ensuit que, pour apprécier cette question, on ne peut se baser que sur des faits pour ainsi dire isolés et qui ne donnent que des résultats partiels et par conséquent peu concluants au point de vue général. Aussi les détails que nous allons donner, bien qu'extraits de comptes réels et exacts, n'ont-ils d'autre caractère que celui de simples renseignements.

Produit en matière.

I. Peuplement de chênes et de bouleaux ; sol bon ; âge du taillis 18 ans, 2/3 chênes, 1/3 bouleaux. Produit brut à l'hectare :

98 stères de bois en rondins;
252 stères de fagots de branchages;
3,551 kilog. d'écorces.

II. Peuplement de chênes, de hêtres, de charmes : sol bon; âge du taillis 18 ans, 2/3 chênes, 1/3 hêtres et charmes.

Produit brut à l'hectare :

74 stères de rondins:
324 — de fagots;
4,560 kilog. d'écorces.

III. Peuplement de chênes : sol frais, silico-argileux ; taillis de 22 ans assez fourré. Produit à l'hectare :

240 stères de bois de rondins;
150 — de fagots;
3,600 kilog. d'écorces.

Il résulte de diverses expériences que le pied cube d'écorce sèche de jeunes chênes pèse de 15 à 20 kilog., et qu'une botte ordinaire de 1m30 de long et d'un mètre de circonférence donne environ 35 kilog. à l'état vert, et 25 à l'état sec; elle perd donc alors près de 38 °/° de sa pesanteur.

Les tables de produits de Schneider-Pfeil, relatives au produit en matière des taillis de chênes, nous paraissent parfaitement convenir comme point de départ pour faire l'estimation de ces peuplements.

Voici comment elles indiquent le revenu de l'hectare de taillis de chênes convenablement serré :

AGE du TAILLIS.	CLASSEMENT DU TERRAIN.				
	1re cl.	2e cl.	3e cl.	4e cl.	5e cl.
	stères.	stères.	stères.	stères.	stères.
10	68	55	47	38	28
11	70	60	51	42	30
12	76	66	56	46	33
13	82	71	61	50	36
14	88	77	65	54	38
15	95	82	69	57	40
16	101	87	71	60	42
17	107	92	78	64	44
18	112	97	82	67	46
19	118	102	86	70	48
20	125	107	90	73	50
21	129	111	94	76	51
22	134	116	99	79	53
23	139	120	101	82	55
24	145	125	105	85	56
25	150	129	108	89	57

Les cinq classes de terrains se rapportent aux données suivantes :

1re classe : Terrain argileux, frais, profond, doux et humifère.

2e — Terrain argilo-sablonneux ou silico-argileux, humifère, frais, assez profond; comme aussi terrain profond, en pente, provenant de la désagrégation du grauwacke, du mica et du schiste ardoisier.

3e classe Terrain moins riche en humus et moins profond.

4e — Terrain argileux, froid, ou argilo-sableux, non entièrement épuisé.

5e — Terrain très-argileux, froid; ou terrain siliceux, frais, mêlé de quelque peu d'argile.

Le propriétaire pourra, à l'aide de ces chiffres, calculer approximativement le revenu de ses haies à écorces. Il lui suffira, pour cela, d'admettre, ce qui est établi d'ailleurs par de nombreux calculs, que le produit en écorces sèches s'élève environ au huitième du revenu en matière.

Nous allons, comme exemple, déterminer le revenu en écorces d'un taillis de vingt ans.

1er Cl.,	123	stères de bois donnent	15	st. d'écorces
2e	»	107	»	13	»
3e	»	90	»	11	»
4e	»	73	»	9	»
5e	»	50	»	6	»

Ces stères d'écorce doivent être déduits du volume du bois, et ils donnent chacun 40 à 50 bottes de 25 kilogrammes.

Quand il s'agit de l'exploitation de vieux chênes, il est d'autant plus important de faire l'estimation de rendement en écorces, qu'il faut voir avant tout si le produit qu'on veut en retirer et qui n'a qu'une valeur commerciale secondaire, peut couvrir les frais d'exploitation. A cet égard, les chiffres suivants auront peut-être quelque utilité.

Chênes de 100 *à* 200 *ans d'âge et déjà couronnés :*

1 stère d'écorce raclée par 6 stères de bois, ou 14 p. c. du produit total.

Chênes âgés de 50 *à* 100 *ans.*

1 stère d'écorce raclée par 4 stères de bois, soit 20 p. c. du produit total.

Produit en argent.

Le produit en argent ne se base pas seulement sur celui en matière, mais encore sur les prix locaux du bois et de l'écorce. On le trouvera donc approximativement en calculant, par le montant de la valeur locale, le produit ci-dessus indiqué.

En prenant en moyenne le prix de la botte d'écorces à fr. 1 50 (soit 6 fr. le 100 kilog.), on trouvera, pour l'hectare de première classe du taillis de 20 ans, 600 bottes à fr. 1 50, soit 900 fr. de revenu net.

Les frais d'écorcement, qui sont généralement à la charge de l'acquéreur, s'élèvent ordinairement de 40 à 60 cent. la botte.

Nous clorons ces données approximatives par les chiffres suivants qui permettront de calculer la consommation et la production annuelle des écorces d'un pays donné. Il faut 10 1/2 kil. d'écorces de bonne qualité pour tanner 1 kilog. de cuir. L'hectare de haie à écorce donne en moyenne 4 quintaux métriques par hectare et par an. Tandis que dans nos contrées on peut admettre une consommation annuelle de 1 1/2 kilog. de cuir par habitant.

Produits accessoires.

Les haies à écorces peuvent souvent donner d'autres produits que le bois et le tan. Ainsi, sur toute l'étendue des Ardennes, dans le département français qui porte ce nom, dans le Luxembourg belge, dans le Grand-Duché et dans l'Eifel prussienne, après chaque coupe on cultive des céréales pendant un ou deux ans entre les rejets de souches, en ayant soin au préalable, afin de rendre le sol plus favorable à la végétation, de brûler les broussailles, les menus bois et les autres plantes qui le couvrent.

Ce mode particulier d'exploiter le taillis à écorces se nomme *essartage*; il a lieu *à feu couvert* ou à *feu courant*.

L'essartage à feu couvert s'opère de la manière suivante : On pèle le terrain au moyen d'une forte houe, et on en détache le gazon qui se trouve à la surface ; on opère cependant assez profondément pour que les racines des mauvais herbes et des plantes ligneuses soient détruites. Les gazons sont ensuite retournés, et, dès qu'ils sont séchés, on les monte en petits fourneaux coniques, que l'on allume à l'aide de menus bois, et dont on répand les cendres sur tout le parterre de la coupe.

Quand à l'essartage à feu courant, il est beaucoup plus simple et par conséquent moins dispendieux. Après l'exploitation et la vidange de la coupe, on répand sur la surface du sol, entre les souches, et aussi régulièrement que possible, les ramilles, les broussailles, et tout le menu bois qui n'a pas été mis en corde ou en fagots. On les y laisse sécher pendant une quinzaine de jours; puis, par un *temps calme, serein*, vers l'heure de midi, on y met le feu. On dirige l'opération de manière à ce que le feu se propage aussi lentement que possible, parce que le bois se consume alors entièrement et que la chaleur pénètre plus avant dans le sol. Pour obtenir plus facilement ce résultat, si le terrain est incliné, on dirigera la flamme du sommet de la pente vers sa base, sans avoir égard au vent dominant; en plaine, au contraire, on fera avancer le feu contre le vent. Ces précautions empêcheront le feu de se propager dans les taillis environnants; on pourra d'ailleurs encore les séparer au moyen de petits fossés, sur les bords desquels on disposera des hommes armés de longues perches ou de branches, et qui seront tout spécialement chargés d'éteindre le feu et d'empêcher sa propagation au delà des limites qui lui sont assignées.

Quel que soit le mode d'essartage qu'on ait

employé, dès que le feu est éteint et le sol refroidi, on procède à l'épandage régulier de la cendre et des autres résidus de l'incendie. On pioche légèrement la terre et on l'emblave en sarrasin ou en seigle, suivant l'époque plus ou moins avancée à laquelle on a opéré l'essartage. La récolte du sarrasin (*Polygonum Fagopyrum, et P. tataricum*) (1) a lieu en août, en sorte que l'on peut procéder à l'ensemencement de l'aire de la coupe en seigle d'hiver. En Allemagne, on remplace le seigle d'hiver par une variété bisannuelle (*secale cereale multicaule*), qui talle plus abondamment, produit de plus longs chaumes, et qui, semée à telle époque de l'année que l'on veut, ne donne jamais d'épis avant le second automne. Cette dernière propriété fait qu'on peut la semer en même temps que le sarrasin et que l'on épargne ainsi les frais d'une façon d'ensemencement. Dans ce cas, le sarrasin doit être semé plus clair. Les taillis à bonne terre et à faible recrû, peuvent quelquefois recevoir une troisième emblavure ; on emploie alors de nouveau le sarrasin. On doit couper la récolte avec la faucille et prendre

(1) Le premier donne une meilleure farine, mais n'est pas très-rustique ; le second fournit une farine verdâtre qui convient très-bien à la nourriture des animaux.

toutes les précautions possibles pour ne pas endommager les rejets.

L'essartage nuit quelquefois à la reproduction du taillis, en détruisant les semences et les jeunes plants et en charbonnant partiellement les souches; mais ces désavantages sont grandement compensés par les profits qu'il donne. Outre qu'il amende la terre, il l'ameublit et provoque ainsi la croissance de nombreux drageons qui se développent vigoureusement sous l'influence que la chaleur exerce sur leurs racines.

Nous allons indiquer maintenant les avantages que présente spécialement chaque mode d'essartage. Ainsi que nous l'avons déjà dit, l'essartage à feu courant exige moins d'argent et de temps, et il permet de semer le grain dès l'année même de l'exploitation. L'aire de la coupe est aussi plus uniformément soumise à l'influence de la chaleur, la cendre est plus régulièrement répartie sur la surface, les souches perdent moins de séve et les cépées sortent plus près de terre. Nous devons dire cependant que ce mode d'essartage exige plus de matières combustibles, ce qui, du reste, n'est pas très-coûteux dans les contrées où les ramées ont peu de valeur. Le charme et le noisetier sont les essences qui peuvent être le plus convenablement employées pour l'alimentation des feux. L'essartage à feu courant a deux inconvénients : Lorsque le vent s'élève pendant l'opération, les dangers d'incendie sont plus grands, et on est exposé à perdre beaucoup de cendres.

Quant à l'essartage à feu couvert, outre les désavantages qui ressortent de ce que nous avons dit précédemment, il a contre lui de ne pouvoir être employé sans danger sur les pentes rapides, et de détruire la végétation sur la surface brûlée par les fourneaux. En revanche, il préserve mieux les souches et il donne plus de facilité pour conserver les réserves dont on peut avoir besoin pour régénérer le taillis.

Que l'on ait recours à l'un ou l'autre mode d'essartage, il faut veiller à ce que les ouvriers ne déposent pas des pierres ou des cendres chaudes sur les souches et qu'ils laissent au moins une distance de 15 centimètres entre celles-ci et les emblavures. Les fourneaux ne devront pas non plus être établis trop près des étocs.

On aura soin aussi de faire quelques plantations ou semis à la suite de l'essartage ; dans ce cas, quand les clairières ont une certaine étendue, on sème le gland sur seigle, et on procède alors comme nous l'avons indiqué précédemment.

La culture du sarrasin et du seigle dans les taillis essartés n'est pas le seul produit accessoire qu'on puisse en retirer; on a tenté, dans ces derniers temps, d'y cultiver simultanément les essences forestières et certaines plantes alimentaires, et on a obtenu de très-bons résultats de ce procédé. Voici la méthode qu'on doit suivre. Quand le terrain qu'on veut peupler est préparé par une culture agricole, on y plante le chêne en lignes assez espacées, et entre ces lignes on cultive des plantes sarclées, telles que pommes de terre, betteraves, etc. Cette culture peut être renouvelée sans inconvénient pendant plusieurs années de suite. Ce procédé présente l'avantage de faire profiter le chêne des différentes façons que reçoivent les plantes agricoles, et il n'y a à craindre aucun dommage, si on a la précaution de ne pas trop rapprocher des lignes les cultures intermédiaires. Si ces cultures étaient données en location, il serait bon d'imposer au locataire le remplacement des plants qui pourraient périr par l'inobservation de cette précaution.

On a constaté que cette culture intercalaire couvrait presque toujours les frais de premier établissement.

Avant de terminer, nous parlerons encore succinctement de quelques produits accessoires que fournissent les taillis de chêne. Ainsi, l'herbe qui pousse facilement dans les jeunes peuplements par suite du défaut de couvert, peut être recueillie utilement ; mais on devra la récolter avec précaution et au moyen de la faucille dentée.

Les feuilles, récoltées au mois d'août et séchées ensuite au soleil, peuvent être employées à la nourriture du bétail ; cependant on ne devra y recourir que dans les années où le fourrage est rare, parce qu'elles exposent bien souvent les bêtes au pissement de sang.

On remarque souvent, sur les feuilles ou les bourgeons de chêne, des excroissances qui sont le résultat de la piqûre de certains insectes. Ces excroissances, très-riches en tanin, sont recherchées par les pharmaciens et les teinturiers, qui les emploient sous le nom de *noix de galle* et les payent très-convenablement.

Nous ne classerons pas la feuillée parmi les produits accessoires du chêne, parce qu'elle donne une mauvaise litière, que son fumier est détestable et que son enlèvement est en définitive très-préjudiciable au taillis.

ACCIDENTS, ANIMAUX ET INSECTES NUISIBLES.

Le chêne exploité en taillis n'est pas exposé à beaucoup d'accidents organiques de nature à compromettre son avenir ; nous ne nous y arrêterons donc point, et nous dirons seulement quelques mots des ravages que certains animaux et quelques insectes causent souvent dans les semis et dans les jeunes plantations.

La plupart des rongeurs, tels que les écureuils, les souris, les campagnols, etc., recherchent les glands avec avidité; pour les trouver, ils fouillent sous terre et causent souvent ainsi de grands dommages dans les semis. Lorsque les glands sont semés avant l'hiver, ils deviennent aussi la proie des corbeaux. Mais le sanglier est l'ennemi le plus à redouter pour les jeunes plantations; un seul animal de cette espèce peut détruire en quelques heures toute une pépinière.

Il y a divers moyens de se débarrasser de ces hôtes incommodes : on peut employer certains piéges particuliers ou des pots enterrés à fleur de terre et remplis d'eau, pour détruire les souris et les campagnols; quant au gibier, il faut recourir au fusil.

Le jeune plant a également ses ennemis. Les bourgeons, à leur naissance, sont dévorés quelquefois par quelques charançons (*Omias brunipes et polydrusus*). S'ils échappent à ces coléoptères, ils tombent sous la dent des chevreuils, des cerfs, des lièvres. La racine des plants de semis est attaquée par la larve du hanneton (*Melolontha vulgaris*).

On n'a trouvé jusqu'à ce jour aucun moyen efficace d'empêcher les ravages des charançons et des larves du hanneton. Quant au gibier, nous l'avons déjà dit, c'est le fusil qui doit en faire justice.

Les feuilles du chêne servent de nourriture à plus de cent variétés de lépidoptères et à un grand nombre d'autres insectes; mais, à l'exception du bombyx processionnaire et de la tortrice verte, ces petits insectes causent peu de dommage. Quant aux deux lépidoptères que nous venons de citer, les ravages qu'ils font sont quelquefois tellement grands, que les arbres qui se sont trouvés sur leur passage sont complétement dépouillés de leurs feuilles. Il est fort difficile de se prémunir contre ces ravages; ce qu'il y a de mieux à faire, c'est de rechercher les bourses dans lesquelles les nymphes séjournent et de les brûler. Nous devons dire, du reste, que les ichneumons et les oiseaux viennent puissamment en aide à l'homme pour la destruction de ces insectes. La nature a mis ainsi le remède à côté du mal, et sa sagesse prévoyante prévient notre impuissance.

FIN

BIBLIOTHÈQUE RURALE

INSTITUÉE PAR [illegible]

ANNUAIRE DES AGRICULTEURS. 1 vol. avec [illegible]
MANUEL DE CULTURE, par M. Ledocte. Un vol. [illegible]
EMPLOI DE LA CHAUX EN AGRICULTURE. Un volume [illegible]
MANUEL D'ARBORICULTURE. 2 vol. avec 205 gravures [illegible]
MANUEL DE DRAINAGE, traduit de l'anglais de [illegible] avec notice de J. Leclerc. Un vol avec 88 gravures [illegible]
MANUEL DE CHIMIE AGRICOLE, par Johnston. Un vol. [illegible]
MANUEL D'IRRIGATION, par Deby. Un vol. avec 100 gravures [illegible]
CHOIX DES VACHES LAITIÈRES, par Magne. Un vol. avec [illegible]
MANUEL DU MARÉCHAL FERRANT, par Brogniez. Un vol. avec [illegible]
MANUEL FORESTIER, par Clément. Un vol. avec pl. [illegible]
TRAITÉ DES ENGRAIS ET AMENDEMENTS, par Fouquet. [illegible] 2
INSTRUMENTS D'AGRICULTURE, par Ledocte. Un vol. avec [illegible]
MANUEL DE MÉDECINE VÉTÉRINAIRE, par Verheyen. Un [illegible]
LES INSTRUMENTS D'AGRICULTURE A L'EXPOSITION DE LONDRES. Un vol. avec 48 planches gravées.
MANUEL DE CULTURE MARAICHÈRE, par Rodigas Un v. avec [illegible]
CULTURE DU MURIER ET VERS A SOIE, par Ronnberg. Un v. [illegible]
TRAITÉ DE DRAINAGE par Leclerc. 2e édit. Un vol. avec [illegible]
CULTURE DES PLANTES RACINES, par Ledocte. Un v. avec [illegible]
MANUEL DES CONSTRUCTIONS RURALES, par H. Duvinage, [illegible] architecte attaché de la Maison du Roi. Un v. avec 100 [illegible]
TRAITÉ DES GRAMINÉES CÉRÉALES ET FOURRAGÈRES, [illegible] Demoor. Un vol. avec 164 grav.
TRAITÉ D'ARPENTAGE ET DE NIVELLEMENT, [illegible] Toussaint. Un vol. avec 128 grav. et planche coloriée. [illegible]
CULTURE DU LIN ET ROUISSAGE, par Demoor. Un vol. avec [illegible]
CATÉCHISME AGRICOLE, par Vanden Broeck. Un vol.
OISEAUX DE BASSE-COUR, par le baron Peers. 1 vol. avec [illegible]
LA LAITERIE, par P. A. de Thier. Un vol. avec grav.
MÉDECIN DES CAMPAGNES, par le docteur Moreau. Un vol. [illegible]
TRAITEMENT DES PORCS, traduit de l'anglais. 1 vol. avec [illegible]
CULTURE DU FROMENT, par le baron Peers. 1 vol.
DU TOPINAMBOUR, par [illegible]. Un volume.
ÉCONOMIE DU MÉNAGE, par [illegible]. Un volume.
LES CHAMPS ET LES PRÉS, par Joigneaux. 2e édit. Un vol. [illegible]
REPRODUCTION, AMÉLIORATION ET ÉLEVAGE DES ANIMAUX DOMESTIQUES, par de Weckherlin. Un vol. [illegible]
NUTRITION DES VÉGÉTAUX, par le baron De Babo. Un volume [illegible] 80
CULTURE DES PRAIRIES, par Demoor. Un vol. avec 67 gravures [illegible]
ÉDUCATION DES PORCS, par de Mortillet. Un vol. [illegible] 50
CULTURE ET ALCOOLISATION DE LA BETTERAVE, par Basset. 1 v. [illegible]
TRAITÉ DE PISCICULTURE, par Koltz. 1 vol. avec 27 grav. [illegible]
PROMENADES AGRICOLES, par de Babo. Un vol. [illegible] 75
DU TABAC. Description-culture-récolte, par Demoor. 1 v. 20 gr. [illegible]
[illegible] DE L'ESPÈCE BOVINE, par le baron Peers. 1 vol. [illegible]
[illegible] LA JEUNE FERMIÈRE, par P. Joigneaux. 1 v. avec [illegible]
TRACÉ ET ORNEMENTATION DES JARDINS, par T. Rona. 1 vol. avec [illegible]
LE CHÊNE [illegible] A ÉCORCES, par Koltz. 1 vol. avec [illegible]
COURS D'ÉCONOMIE RURALE, par Goeritz. Deux vol. [illegible]

www.ingramcontent.com/pod-product-compliance
Ingram Content Group UK Ltd.
Pitfield, Milton Keynes, MK11 3LW, UK
UKHW020934180726
13838UKWH00002B/931